Zum Urteil gegen „Pussy Riot" - Russlands Demokratie und Rechtsstaat in schlechtem Zustand

Michael Frank

www.michael-frank.eu

Impressum

Titel: Zum Urteil gegen „Pussy Riot" - Russlands Demokratie und Rechtsstaat in schlechtem Zustand

Autor: Michael Frank, www.michael-frank.eu, PND 142082090, http://d-nb.info/gnd/142082090

Verlag und Druck: Lulu Inc.

Ort und Jahr: Berlin, 2012

ISBN 978-1-291-41249-9

© 2012, Lulu Inc.
Alle Rechte vorbehalten.

In diesem Fachartikel möchte ich mich mit dem Urteil eines Moskauer Gerichtes gegen die Musikerinnen der Rock-Band „Pussy Riot" auseinandersetzen. Ich wurde in den letzten Tagen durch die Schlagzeile in einer deutschen Tageszeitung auf diese Tatsache aufmerksam. Das ist ein wissenschaftlicher Fachartikel aus dem Bereich der Rechtswissenschaft, Sozialwissenschaft und Politikwissenschaft. Ich forsche hier empirisch-analytisch und fälle ein Werturteil mithilfe von formaler Logik. Ich gehe davon aus, dass etwa ein deutscher Richter ebenso vorgehen oder zumindest ein ähnliches Werturteil fällen müsste, wie ich das hier tue.

In einem Online-Artikel des Spiegels konnte man am 17. August 2012 Folgendes lesen:

„Hartes Urteil in Moskau: Drei Musikerinnen der Kreml-kritischen Punkband Pussy Riot müssen zwei Jahre in Haft. Die Richterin folgte in weiten Teilen der Argumentation der Staatsanwaltschaft (...)

Die Frauen hätten sich "Anstiftung zum religiösen Hass" zuschulden kommen lassen, sagte Richterin Maria Syrowa. Durch ihre Protestaktion sei "moralischer Schaden für die Anwesenden Gläubigen" entstanden. Die Untersuchungshaft von knapp sechs Monaten werde angerechnet. Die Richterin sagte, sie habe mildernde Umstände bei der Festlegung des Strafmaßes gelten lassen. Auf die Tat könne dennoch nur mit Freiheitsentzug reagiert werden, so Syrowa. Sie folgte bei der Verlesung des Urteils in weiten Teilen der Argumentation der Staatsanwaltschaft. Diese hatte drei Jahre Lagerhaft gefordert."[1]

Was soll in diesem Zusammenhang ein „moralischer Schaden" sein? Das ist nach meiner Rechtsauffassung als juristischer Laie zunächst einmal kein eindeutig bestimmbarer Rechtsbegriff. Daher finde ich diese nicht logische Begründung für einen solch weitreichenden Urteilsspruch schon mal sehr schwammig und dürftig. Ich denke, wer eine mehrjährige Freiheitsstrafe für junge Mädchen verhängen will, der muss auch zumindest ein logisches und kein autoritäres ethisches

---

[1] Urteil in Moskau: Pussy Riot müssen zwei Jahre ins Straflager, in Spiegel Online vom 17. August 2012, online unter:
http://www.spiegel.de/politik/ausland/pussy-riot-muessen-zwei-jahre-ins-straflager-a-850659.html

Werturteil fällen.

Zunächst möchte ich genauer wissen, um wen es sich bei den verurteilten Personen handelt. Einem Online-Artikel von Diana Laarz in der Wochenzeitung „Die Zeit" kann man einige Informationen über die jungen Frauen entnehmen:

„Sie tragen neonfarbene Strumpfhosen, machen Punkmusik, nennen sich Pussy Riot und sind auf der Flucht vor der russischen Polizei. Erst hat sie zwei geschnappt, dann noch eine, nun sitzen die drei in Untersuchungshaft, und der Rest versteckt sich irgendwo in der Nähe von Moskau. Es sind fünf bis zehn Frauen, so genau kann man das nicht sagen bei einer Band, die nur anonym auftritt, und dennoch werden sie von der Opposition zu massentauglichen Heldinnen hochgejubelt, die sie nie sein wollten.

Die Moskauer Ermittlungsbehörden jagen Pussy Riot, was so viel heißt wie »Mösen-Aufstand«, wegen ihres vorerst letzten Auftrittes Ende Februar. Fünf Bandmitglieder schleichen sich in die Moskauer Christi-Erlöser-Kathedrale, die größte und wichtigste Kirche Russlands. Patriarch Kyrill hält hier die Messen zu Ostern und Weihnachten. Die

Frauen von Pussy Riot tragen wie immer ihre bunten Kleider und gehäkelte Hauben über den Kopf gezogen. Sie tanzen vor dem Kaisertor des Altars und knien auf dem Boden, als beteten sie. Nach ein paar Minuten werden sie vom Kirchenpersonal hinausgeworfen."[2]

Es handelt sich also um eine relativ unbekannte weibliche Rock-Band, die ketzerische und oppositionelle Lieder veröffentlicht. Warum sollte das überhaupt ein solches Aufsehen erregen? Ich denke, dass eine breit gefächerte Kulturlandschaft, die auch Rock-Musik beinhaltet, in einer freien Gesellschaft eine Selbstverständlichkeit ist.

Doch was war die genaue Ursache für diese Anklage und spätere Verurteilung?

„Pussy Riot hatten am 21. Februar in der Erlöserkathedrale in Moskau mit einem Punkgebet gegen die Rückkehr von Wladimir Putin in den Kreml sowie die enge Verzahnung von Staat und Kirche in Russland protestiert. Insgesamt hatten die Ermittler 3000 Seiten Unterlagen zu dem etwa einminütigen Gebet

---

2 Laarz, Diana: Politrock: Punk gegen Putin, in: Die Zeit Online vom 01. April 2012, online unter: http://www.zeit.de/2012/14/Frauenband-Pussy-Riot/komplettansicht

zusammengetragen."[3]

Ein einminütiges Gebet soll die Ursache für 3000 Seiten Unterlagen sein, die zu einem Urteil von 2 Jahren Lagerhaft führen? Meine etwas polemische Bemerkung dazu ist: Soviel Material hat der CIA nicht einmal über Osama bin Laden gesammelt. Mir scheint, dass die russischen Ermittlungsbehörden hier bereits im Vorfeld, auch bereits vor der für den Urteilsspruch relevanten vermeintlichen Tat, erheblich gegen die Grundrechte und gegen die Persönlichkeitsrechte der jungen Mädchen verstoßen haben.

„Wenig später taucht auf YouTube ein typisches Pussy-Riot-Werk auf. Die Bilder aus der Kirche sind mit E-Gitarren-Riffs unterlegt. Die Frauen grölen ihren Hass auf das Regime hinaus. Der Refrain klingt wie ein Chorus: »Muttergottes, Jungfrau Maria, vertreibe Putin.«

Der Staat reagiert verzögert. Zwei Frauen, die in der Kathedrale dabei gewesen sein sollen, werden Anfang März festgenommen. Es sind keine guten Tage für die russische

---

3 Urteil in Moskau: Pussy Riot müssen zwei Jahre ins Straflager, in Spiegel Online vom 17. August 2012, online unter:
http://www.spiegel.de/politik/ausland/pussy-riot-muessen-zwei-jahre-ins-straflager-a-850659.html

Protestbewegung. Wladimir Putin ist wieder einmal mit absoluter Mehrheit zum Präsidenten gewählt worden. Und auch wenn bei der Wahl betrogen wurde, ist klar, dass er die Zustimmung einer breiten Mehrheit der Bevölkerung hat. Zur Großdemonstration nach der Wahl kommen statt der erwarteten 50.000 nur 25.000 Menschen. Den Führern der Bewegung fällt nichts Besseres ein, als mit zu wenig Anhängern eine Besetzung des Puschkinplatzes zu versuchen. Doch dann übernehmen Pussy Riot die Schlagzeilen."[4]

Etwas genauer kann man sich den Grund für die Verurteilung in eben genanntem Video bei Youtube ansehen.[5] Alles in Allem sehe ich hier nur etwas infantiles Gehampel vor dem Altar einer Kirche bzw. Kathedrale. Religiös anmutendes Predigen, eine Show für ein Musikvideo. Es wurde nichts zerstört, es war keinerlei Gewalt im Spiel. Vielmehr wurde versucht den jungen Künstlerinnen gegenüber handgreiflich zu werden.

Ein „Punk-Gebet" wurde vorgetragen, das sich gegen Präsident Wladimir Putin richtet. Den

---

[4] Laarz, Diana: Politrock: Punk gegen Putin, in: Die Zeit Online vom 01. April 2012, online unter: http://www.zeit.de/2012/14/Frauenband-Pussy-Riot/komplettansicht

[5] http://www.youtube.com/watch?v=yZKaBh9pX64

Text kann man auch im Internet in deutscher Übersetzung nachlesen.[6] Hier heißt es:

„Mutter Gottes, Jungfrau, vertreibe Putin
Vertreibe Putin, vertreibe Putin.
(...)
Gay-Pride ist in Ketten nach Sibirien geschickt worden

Der Chef des KGB ist ihr oberster Heiliger
Führt die Protestierer bewacht in Haft
Um den Heiligsten nicht zu betrüben
Müssen Frauen gebären und lieben
(...)
Mutter Gottes, Jungfrau, werde Feministin
Werde Feministin, werde Feministin"[7]

Der Text beinhaltet letztlich demokratisch legitime Oppositions-Agitation gegen die Regierung in Form von Kunst, bei der sich auch religiöser Stilmittel bedient wird. Maria, die Mutter Gottes, wird angesprochen, ja angebetet. Die jungen Künstlerinnen haben also eine wie auch immer geartete Affinität zur christlichen Religion. Nach meiner Ansicht als Konfessionsloser sind das protestantische Frauen, die nach ihrem Ritus ihr Grundrecht auf Religionsfreiheit wahrnehmen. Das sind also

---

6 http://freepussyriot.org/node/250
7 http://freepussyriot.org/node/250

Anhänger einer christlichen Religion, die im weitestgehend orthodoxen Russland eine religiöse Minderheit sind.

Artikel 28 der russischen Verfassung gewährt in Russland Jeder und Jedem die Freiheit zum Glaubensbekenntnis gleich welcher Art:

„Jedem wird die Gewissensfreiheit und die Glaubensbekenntnisfreiheit garantiert einschließlich des Rechts, sich allein oder gemeinsam mit anderen zu einer beliebigen Religion zu bekennen oder sich zu keiner zu bekennen, religiöse und andere Überzeugungen frei zu wählen, zu haben und zu verbreiten sowie nach ihnen zu handeln."[8]

Feminismus, auf den sich die Mitglieder der Punk-Band hier berufen, ist doch letztlich religiöse Gesinnungsethik von Protestanten. Wo, wenn nicht die Kirche, sollte der Ort für eine derartige Predigt sein. Diese jungen Mädchen, die protestantischen Künstlerinnen, sind meiner Ansicht nach völlig verängstigte und hilflose Persönlichkeiten, die selbst aufgrund von religiösen Konventionen agieren. Um sich gegen die Dominanz der religiösen

---

8   Artikel 28 der Verfassung der Russländischen Föderation, online unter:
    http://www.constitution.ru/de/part2.htm

Patriarchen der orthodoxen Kirche zur Wehr zu setzen, tragen sie ein Kunstwerk öffentlich vor.

Was spricht in einem freien Staat gegen Protestanten, die ihr verfassungsmäßiges Recht auf Religionsfreiheit und Kunstfreiheit wahrnehmen? Ich denke, vom Grunde her spricht nichts dagegen, sollte zumindest nicht!

Mit feministischer Ethik wehren sich protestantische Frauen traditionell gegen die religiösen Dogmen der Orthodoxen bzw. auch gegen die Katholiken und gegen die eigenen Männer in ihrer Religionsgemeinschaft, etwa gegen die Konvention, als Frau nicht selbständig und frei predigen zu dürfen. Damit soll, nach deren ideologischen Vorstellungen, ihr Nachteil gegenüber dem religiösen Oberhaupt und gegenüber der männlichen Dominanz in der Gesamtgesellschaft ausgeglichen werden.

Die Verurteilung gegen diese jungen Frauen halte ich für staatlich organisierten, strukturellen Sexismus gegen Frauen, der total erbärmlich ist und für eine staatlich verursachte Menschenrechtsverletzung, was ich im Folgenden weiter begründen möchte.

In Artikel 19 der russischen Verfassung heißt

es:

„1. Alle sind vor dem Gesetz und vor Gericht gleich.

2. Der Staat garantiert die Gleichheit der Rechte und Freiheiten des Menschen und Bürgers unabhängig von Geschlecht, Rasse, Nationalität, Sprache, Herkunft, Vermögensverhältnissen und Amtsstellung, Wohnort, religiöser Einstellung, Überzeugungen, Zugehörigkeit zu gesellschaftlichen Vereinigungen oder von anderen Umständen. Jede Form der Einschränkung der Bürgerrechte aus Gründen der sozialen, rassischen, nationalen, sprachlichen oder religiösen Zugehörigkeit ist verboten.

3. Mann und Frau haben gleiche Rechte und Freiheiten und gleiche Möglichkeiten, sie zu verwirklichen."[9]

Bei orthodoxen Christen hat der Patriarch das Recht zur Vor-Predigt, die Frau in keinem Falle. Es gibt keine Frauenordination. Über dieses religiöse Gebot wollten die protestantischen

---

9 Artikel 19 der Verfassung der Russländischen Föderation, online unter:
http://www.constitution.ru/de/part2.htm

Mädchen sich hinwegsetzen. Es handelt sich aber um ein religiöses Gebot und nicht um einen Verfassungsgrundsatz nach geltendem russischen Recht. Vor dem Gesetz sind aber nach Artikel 19 Absatz 1 alle gleich. Wenn also das setzen einer religiösen Konvention im freien öffentlichen Raum für die jungen Mädchen strafbar sein soll, warum ist es dann nicht ebenso strafbar, wenn der orthodoxe Patriarch Gewalt durch seine Predigt gegen die Frauen und im Übrigen auch gegen die Männer ausübt? Warum darf sich der orthodoxe Patriarch über Artikel 19 Absatz 3 der russischen Verfassung auf Grundlage der Religionsfreiheit nach Artikel 28 der russischen Verfassung hinwegsetzen, die jungen Protestantinnen aber nicht? Dass diese Tatsache für ein paar junge Mädchen zur Verurteilung führt, ist Ausdruck eines nicht säkularen Staatsapparates, in dem es kein weltliches und kein unabhängiges Rechtssystem gibt. Das ist Sexismus gegen die Frau durch die Justiz und ein Zeichen für ein autoritäres Regime.

In einem demokratischen Rechtsstaat muss die Justiz bei Gerichtsurteilen weltanschaulich neutral und vor allem unabhängig agieren. Dazu verpflichtet auch Artikel 13 Absatz 2 der russischen Verfassung die Justiz. In Artikel 21 Absatz 1 der russischen Verfassung heißt es:

„1. Die Würde der Person wird vom Staat geschützt. Nichts kann ihre Schmälerung begründen."[10]

Wer die Würde der Person für orthodoxe Gläubige schützen will, muss auch für protestantische Frauen den selben Schutz der Würde der Person, der Kunstfreiheit und der Religionsfreiheit gewährleisten. Dabei sollte Artikel 19 Absatz 3 der russischen Verfassung eigentlich für Männer wie Frauen gelten. Das gilt ebenfalls für Artikel 19 Absatz 2 der russischen Verfassung, zumal gerade deshalb, da es sich ja bei den jungen Mädchen als Protestantinnen um eine religiöse Minderheit handelt, die in allen westlichen Demokratien einen besonderen Schutz erfahren. Dieser besondere Schutz für Anhänger religiöser Minderheiten müsste auch für diese jungen Protestantinnen gelten, insbesondere mit Verweis auf Artikel 13 Abs. 1 der russischen Verfassung und nach Artikel 18 der UN-Charta der Menschenrechte. Folgt man der verfassungsfeindlichen Agitation der Richterin in der Begründung des Urteilsspruchs auch für Mitglieder anderer Religionen, könnte quasi jeder bekennende Jude für Ketzerei im

---

10 Artikel 21 der Verfassung der Russländischen Föderation, online unter:
http://www.constitution.ru/de/part2.htm

öffentlichen Raum ins Straflager geschickt werden.

In Artikel 21 Absatz 2 der russischen Verfassung heißt es:

„2. Niemand darf der Folter, Gewalt oder einer anderen grausamen oder die Menschenwürde erniedrigenden Behandlung oder Strafe unterworfen werden. Niemand darf ohne sein freiwilliges Einverständnis medizinischen, wissenschaftlichen oder anderen Versuchen unterworfen werden."[11]

Die Verurteilung der Mitglieder der Band „Pussy Riot" halte ich für einen Verstoß gegen diesen Verfassungsgrundsatz. Ein Staatsanwalt, der für die friedliche Ausübung von Grundrechten 3 Jahre Lagerhaft fordert, ist meines Erachtens nicht zurechnungsfähig, ein Staatsfeind der Russischen Föderation und in keiner Weise geeignet, sein Amt verfassungskonform nach geltendem russischen Recht auszuüben. Ich halte die Anklageerhebung ebenfalls wie die Verurteilung für Amtsmissbrauch. Die russischen Künstlerinnen wurden wegen

---

11 Artikel 21 der Verfassung der Russländischen Föderation, online unter:
http://www.constitution.ru/de/part2.htm

„Rowdytum" nach §213 des russischen Strafgesetzbuches verurteilt.[12] Im deutschen StGB wäre das vermutlich vergleichbar mit §167 StGB - Störung der Religionsausübung.[13] Strafgesetze sind nachrangige Gesetze und dürfen nicht gegen die Grundrechte verstoßen. Ich denke, dass §167 StGB gegen die Menschenwürde nach Artikel 1 Abs. 1, Abs. 2 und Abs. 3 GG verstößt. Analog dazu verstößt §213 des russischen Strafgesetzbuches zumindest in diesem Fall auch gegen Artikel 2 der russischen Verfassung, wo es heißt:

„Der Mensch, seine Rechte und Freiheiten bilden die höchsten Werte. Anerkennung, Wahrung und Schutz der Rechte und Freiheiten des Menschen und Bürgers sind Verpflichtung des Staates."[14]

Dieser Schluss, dass bei religiösen

---

12 Moskauer Staatsanwaltschaft hat im Fall Pussy Riot Anklage erhoben, in: russland.ru vom 13. Juli 2012, online unter:
http://russland.ru/schlagzeilen/morenews.php?iditem=54458
13 Strafgesetzbuch der Bundesrepublik Deutschland in der Fassung der Bekanntmachung vom 13.11.1998, online unter: http://www.gesetze-im-internet.de/stgb/__167.html
14 Artikel 2 der Verfassung der Russländischen Föderation, online unter:
http://www.constitution.ru/de/part1.htm

Streitigkeiten im Zweifelsfalle die Menschenwürde des Individuums über der Religionsfreiheit zugunsten des Einzelnen gegen die Gewalt der Religionsgemeinschaften steht, ist zwar in Deutschland, im deutschen Rechtssystem nicht immer das Ergebnis von reiner Logik, aber das Ergebnis von humanistischer Ethik, die als eine Art ungeschriebenes ethisches Gesetz für die meisten hochrangigen Staatsbeamten gilt. Letztlich sind damit die Staatsbeamten dazu angehalten, säkulare Humanisten zu sein, zumindest wenn sie im Dienst sind, und vertreten eine Ethik der individuellen Freiheit, wie auch Rosa Luxemburg sie vertreten hat:

„Freiheit nur für die Anhänger der Regierung, nur für Mitglieder einer Partei - mögen sie noch so zahlreich sein - ist keine Freiheit. Freiheit ist immer Freiheit der Andersdenkenden. Nicht wegen des Fanatismus der »Gerechtigkeit«, sondern weil all das Belebende, Heilsame und Reinigende der politischen Freiheit an diesem Wesen hängt und seine Wirkung versagt, wenn die »Freiheit« zum Privilegium wird."[15]

In jedem Falle gehe ich davon aus, dass diese

---

15 Luxemburg, Rosa: Die russische Revolution. Eine kritische Würdigung, Berlin 1920 S. 109

Anklageerhebung nach deutschem Recht bereits für den Staatsanwalt ein strafbares Delikt, ein sogenanntes „Echtes Amtsdelikt" wäre. In §344 des StGB ist für ein solches Verbrechen eine Freiheitsstrafe von bis zu zehn Jahren vorgesehen. Dort heißt es:

„(1) Wer als Amtsträger, der zur Mitwirkung an einem Strafverfahren, abgesehen von dem Verfahren zur Anordnung einer nicht freiheitsentziehenden Maßnahme (§ 11 Abs. 1 Nr. 8), berufen ist, absichtlich oder wissentlich einen Unschuldigen oder jemanden, der sonst nach dem Gesetz nicht strafrechtlich verfolgt werden darf, strafrechtlich verfolgt oder auf eine solche Verfolgung hinwirkt, wird mit Freiheitsstrafe von einem Jahr bis zu zehn Jahren, in minder schweren Fällen mit Freiheitsstrafe von drei Monaten bis zu fünf Jahren bestraft. Satz 1 gilt sinngemäß für einen Amtsträger, der zur Mitwirkung an einem Verfahren zur Anordnung einer behördlichen Verwahrung berufen ist.

(2) Wer als Amtsträger, der zur Mitwirkung an einem Verfahren zur Anordnung einer nicht freiheitsentziehenden Maßnahme (§ 11 Abs. 1 Nr. 8) berufen ist, absichtlich oder wissentlich jemanden, der nach dem Gesetz nicht strafrechtlich verfolgt werden darf,

strafrechtlich verfolgt oder auf eine solche Verfolgung hinwirkt, wird mit Freiheitsstrafe von drei Monaten bis zu fünf Jahren bestraft. Satz 1 gilt sinngemäß für einen Amtsträger, der zur Mitwirkung an
1. einem Bußgeldverfahren oder
2. einem Disziplinarverfahren oder einem ehrengerichtlichen oder berufsgerichtlichen Verfahren

berufen ist. Der Versuch ist strafbar."[16]

Auch bei den Haftbedingungen würde ich davon ausgehen, dass es sich bei einer Anordnung von Lagerhaft gegen junge Erwachsene nach deutschem Recht zumindest um „Unechte Amtsdelikte" handeln würde. Etwa „Körperverletzung im Amt" nach §340 StGB[17] und „Nötigung unter Missbrauch der Amtsbefugnisse oder der -stellung" nach §240 Abs. 4 Nr. 3 StGB.[18] Ich werde später auf die Haftbedingungen und den Verstoß der

---

16 Strafgesetzbuch der Bundesrepublik Deutschland in der Fassung der Bekanntmachung vom 13.11.1998, online unter: http://dejure.org/gesetze/StGB/344.html
17 Strafgesetzbuch der Bundesrepublik Deutschland in der Fassung der Bekanntmachung vom 13.11.1998, online unter: http://dejure.org/gesetze/StGB/340.html
18 Strafgesetzbuch der Bundesrepublik Deutschland in der Fassung der Bekanntmachung vom 13.11.1998, online unter: http://dejure.org/gesetze/StGB/240.html

Haftbedingungen und der mangelnden rechtsstaatlichen Prinzipien gegen geltendes russisches Recht zurückkommen.

Zunächst möchte ich klären, warum ich die Kunstaktion der jungen Mädchen nicht für eine in irgendeiner Weise strafbare Handlung halte. In Artikel 13 der Russischen Verfassung wird die ideologische und damit auch religiöse Vielfalt anerkannt:

„1. In der Rußländischen Föderation ist die ideologische Vielfalt anerkannt.

2. Keine Ideologie darf als staatliche oder verbindliche festgelegt werden.

3. In der Rußländischen Föderation ist die politische Vielfalt und das Mehrparteiensystem anerkannt.

4. Die gesellschaftlichen Vereinigungen sind vor dem Gesetz gleich.

5. Die Bildung und die Tätigkeit gesellschaftlicher Vereinigungen, deren Ziele oder Handlungen auf gewaltsame Änderung der Grundlagen der Verfassungsordnung und auf Verletzung der Integrität der Rußländischen Föderation, auf Untergrabung der Sicherheit des Staates, auf Bildung von bewaffneten Formationen oder auf Entfachen sozialer, rassischer, nationaler und religiöser Zwietracht gerichtet sind, sind verboten."[19]

Mit diesem Urteil gegen die jungen Frauen ist es der Staat höchst selbst, der Artikel 13 Absatz 5 der russischen Verfassung mit Füßen tritt.

Auch wird damit nicht dafür Sorge getragen, dass Protestanten als Religionsgemeinschaft vor dem Gesetz gleichgestellt sind in ihrem Recht auf Religionsfreiheit, gegenüber den orthodoxen Christen, so wie es Artikel 14 Absatz 2 der russischen Verfassung fordert:

„1. Die Rußländische Föderation ist ein weltlicher Staat. Keine Religion darf als staatliche oder verbindlich festgelegt werden.

2. Die religiösen Vereinigungen sind vom Staat getrennt und vor dem Gesetz gleich."[20]

Der Staat ist in diesem Fall nicht weltanschaulich neutral, weil die Justiz ein

---

19 Artikel 13 der Verfassung der Russländischen Föderation, online unter:
http://www.constitution.ru/de/part1.htm
20 Artikel 14 der Verfassung der Russländischen Föderation, online unter:
http://www.constitution.ru/de/part1.htm

Werturteil zugunsten einer Religionsgemeinschaft und gleichzeitig zu Lasten einer anderen Religionsgemeinschaft fällt.

Ich gehe davon aus, dass weder im streng katholischen Italien, noch im ebenso religiösen Frankreich, auch unter konservativen Regierungen und bei den gnadenlosesten JustizbeamtInnen ein solch autoritäres Werturteil gefällt worden wäre, oder überhaupt ein Prozess gegen diese jungen Künstlerinnen eingeleitet werden würde. Nie und nimmer hätte ein verantwortungsvoll handelnder Staatsanwalt hier Anklage erhoben. Hier muss die junge russische Demokratie noch einiges hinzulernen und ich denke auch, dass dieser Prozess in jedem Fall neu aufgerollt werden müsste, auch nach geltendem russischen Recht. Deshalb führe ich auch hier den Beweis, dass dieses Urteil gegen geltendes russisches Recht verstößt.

Ich halte das für ein Verfahren, das eines Rechtsstaates unwürdig ist. Wiederum im Spiegel konnte man dazu einen Kommentar lesen, in dem sich Bundeskanzlerin Angela Merkel zu diesem Prozess äußert:

„Das Urteil gegen die drei Musikerinnen der

Kreml-kritischen Punkband Pussy Riot sorgt in Berlin für große Empörung - so sehr, dass sich nun auch die Bundeskanzlerin Angela Merkel (CDU) persönlich zu Wort meldet: "Das unverhältnismäßig harte Urteil" stehe "nicht im Einklang mit den europäischen Werten von Rechtsstaatlichkeit und Demokratie", sagte Merkel. Moskau habe sich zu diesen Werten aber unter anderem als Mitglied des Europarats bekannt.

"Eine lebendige Zivilgesellschaft und politisch aktive Bürger sind eine notwendige Voraussetzung und keine Bedrohung für Russlands Modernisierung", fügte die Kanzlerin hinzu. Den Prozess gegen die Bandmitglieder habe sie mit Besorgnis verfolgt."[21]

Hierbei stimme ich der Aussage der deutschen Bundeskanzlerin Angela Merkel voll und ganz zu. In freiheitlichen Demokratien muss die Freiheit der Kunst und der Wissenschaft gewährleistet bleiben und es kann nicht sein, dass eine Religionsgemeinschaft, selbst wenn sie die größere Religionsgemeinschaft ist,

---

21 Pussy-Riot-Prozess: Merkel beklagt hartes Urteil, in: Spiegel Online vom 17. August 2012, online unter: http://www.spiegel.de/politik/ausland/pussy-riot-prozess-merkel-beklagt-unverhaeltnismaessig-hartes-urteil-a-850721.html

gegenüber einer religiösen Minderheit imstande ist, den administrativen Staatsapparat und die Justiz zu ihren Gunsten zu manipulieren und zu nutzen. Ich denke: Nie und nimmer gibt es, noch darf es, noch sollte es in unserem freien Europa auch nur einen Staatsanwalt geben, der für eine derartige Kunst-Aktion überhaupt Anklage erhebt. Geschweige denn einen Richter, der hier überhaupt ein Strafverfahren eröffnet um ein solch autoritäres Werturteil zu fällen, nur weil religiöse Gesinnungsethiker nicht sehen wollen, dass ihre Dogmen und Gebote keine allgemeinen Gesetze des wertneutralen Staates sind.

Dieses Urteil ist auch nach der geltenden russischen Verfassung glasklar rechtswidrig. Protestantismus, aber auch künstlerische Subkulturen, wie etwa die Punk-Bewegung können als religiöse Gruppierungen oder als eine politische Religion, eine kulturelle Bewegung angesehen werden. Es gibt gewisse Dogmen, einen Kult und Ritus und Anhänger bzw. Gläubige. Diese ideologische Vielfalt ist Ausdruck einer pluralistischen Gesellschaft, einer offenen Gesellschaft.

In Artikel 14 der Russischen Verfassung heißt es:

*„1. Die Rußländische Föderation ist ein weltlicher Staat. Keine Religion darf als staatliche oder verbindlich festgelegt werden.
2. Die religiösen Vereinigungen sind vom Staat getrennt und vor dem Gesetz gleich."*[22]

Und hier wurde mitten in der russischen Hauptstadt Moskau ein politisches Urteil gefällt, das für eine religiöse Kunst-Bewegung, etwa der russisch-orthodoxen Kirche gegenüber einer anderen religiösen Kunst-Bewegung, der Punk-Bewegung bzw. des Protestantismus Partei ergreift. Die Richterin hat hiermit ein verfassungswidriges Werturteil gefällt. Das ist politische Justiz, Klassenjustiz, Rassenjustiz. Das Rechtssystem ist in diesem Falle nicht egalitär.

Nach meiner juristischen Auffassung ist hier Artikel 44 Absatz 1 und Absatz 2 der russischen Verfassung für die Justiz zwingend bindend, wo es heißt:

„1. Jedem wird die Freiheit literarischer, künstlerischer, wissenschaftlicher, technischer und anderer Arten schöpferischer Tätigkeit sowie die Freiheit der Lehre garantiert. Das

---

22 Artikel 14 der Verfassung der Russländischen Föderation, online unter:
http://www.constitution.ru/de/part1.htm

geistige Eigentum wird gesetzlich geschützt.
2. Jeder hat das Recht auf Teilnahme am kulturellen Leben, auf Nutzung kultureller Einrichtungen und auf Zugang zu kulturellen Werten."[23]

Nicht einmal die Frage, ob es sich hier um eine widerrechtliche Nutzung der Kathedrale handelt, ist für mich unter Anwendung von Artikel 44 Absatz 2 der russischen Verfassung strafbar. Kulturelle Einrichtungen können von jedermann genutzt werden.

Sicher, man mag diese kunstvolle Provokation als orthodoxer Christ als moralisch verwerflich empfinden, wenn man tief gläubig ist. Aber das ist nach meiner Rechtsauffassung kein strafbares Handeln, weil individuelle Freiheitsrechte für alle gleichermaßen gelten müssen.

Den jungen Mädchen wurde, trotz erheblichem Altersunterschied, auch nicht eine differierende pädagogisch-psychologische Entwicklung zugute gehalten, die für ein individuelles Strafmaß zwingend notwendig wäre. Auch wurde hier nicht einmal die Dominanz des

---

23 Artikel 44 der Verfassung der Russländischen Föderation, online unter:
http://www.constitution.ru/de/part2.htm

orthodoxen Patriarchats auf die Gesamtgesellschaft in irgendeiner Weise strafmildernd berücksichtigt. Bei jedem Gottesdienst ist der Patriarch ein religiös motivierter Rowdy, der individuelle Freiheitsrechte einzuschneiden gedenkt und damit gewalttätig wird, um alle Gläubigen auf seine Ethik zu verpflichten und gleichzuschalten. Das ist in jeder Kirche und in jeder anderen Religionsgemeinschaft der Fall.

Für die Verurteilung war der Artikel 29 Absatz 2 der russischen Verfassung relevant, der Propaganda für unzulässig erklärt, wenn damit zu religiösem Hass und Feindschaft aufgestachelt wird:

„1. Jedem wird die Freiheit des Gedankens und des Wortes garantiert.

2. Unzulässig sind Propaganda und Agitation, die zu sozialem, rassenbedingtem, nationalem oder religiösem Haß und Feindschaft aufstacheln. Verboten ist das Propagieren sozialer, rassenbedingter, nationaler, religiöser und sprachlicher Überlegenheit.

3. Niemand darf gezwungen werden, seine Meinungen und Überzeugungen zu äußern oder sich von ihnen loszusagen.

4. Jeder hat das Recht, auf rechtmäßige gesetzliche Weise Informationen frei zu beschaffen, entgegenzunehmen, weiterzugeben, hervorzubringen und zu verbreiten. Eine Liste der Nachrichten, die ein Staatsgeheimnis darstellen, wird durch Bundesgesetz bestimmt.

5. Die Freiheit der Masseninformation wird garantiert. Zensur ist verboten."[24]

Wenn es religiöser Hass sein soll zu predigen, was faktisch so ist, dann ist es auch Propaganda und Hass orthodox zu sein, wenn man Selbiges tut. Und außerdem wäre es gar das Propagieren religiöser, sozialer und nationaler Überlegenheit nicht nur durch die orthodoxe Glaubensgemeinschaft, sondern in diesem Fall durch die Staatsmacht höchst selbst, durch die Justiz höchst selbst, die zugunsten einer religiösen Gruppe gegen die Freiheit des Einzelnen ein Werturteil fällt und damit die Individualrechte für jeden Bürger nicht anerkennt. In einer freiheitlichen Demokratie muss das Recht des Einzelnen auf die freie Entfaltung seiner Persönlichkeit und seine körperliche Unversehrtheit höher gewertet werden, als die religiösen Gebote eines

---

[24] Artikel 29 der Verfassung der Russländischen Föderation, online unter:
http://www.constitution.ru/de/part2.htm

„ethischen Kollektivismus" gleich welcher Art. Andernfalls gibt es auch keine Wissenschaftsfreiheit mehr und eine Gesellschaft zerstört ihre eigenen materiellen Existenzbedingungen, weil das freie Philosophieren sonst nicht mehr möglich ist. Individuelle Freiheitsrechte müssen für jeden gewährt werden, zumal die gesellschaftlich wirksame Gewalt der orthodoxen Religionsgemeinschaft im Vergleich zur Gewalt der drei jungen Mädchen hier doch objektiv viel stärker ist, zumindest in jedem Falle nach der Ansicht der zu Unrecht verurteilten. Selbst ein libertäres Verständnis von Freiheit, das etwa aus den Schriften von John Locke oder Adam Smith abgeleitet werden kann, wäre etwa Folgendes: Frei ist man nur dann, wenn man sich selbst ungehindert frei verwirklichen kann, wo immer man ist, nur eben dann nicht, wenn man die Staatsmacht ist, wie hier die Richterin und der Staatsanwalt. Denn dann muss man sich bei seinen Werturteilen gegen andere an die allgemeinen Gesetze halten, weil man ansonsten selbst ein Staatsfeind ist.

Sieht man also genau auf Artikel 29 Absatz 3 der russischen Verfassung, der hier meiner Ansicht nach ebenfalls durch die Justiz verletzt wird, so sollen die jungen Frauen doch durch das Urteil der Justiz gezwungen werden, das orthodoxe Patriarchat anzuerkennen, obwohl sie es doch offensichtlich nicht wollen. Ketzern an der Orthodoxie soll also durch ein Gerichtsurteil buchstäblich der „Teufel" ausgetrieben werden. Das ist kein weltliches Recht.

Meiner Ansicht nach können sich die jungen Künstlerinnen auch auf Artikel 30 der russischen Verfassung berufen:

„1. Jeder hat das Recht auf Vereinigung einschließlich des Rechts, Gewerkschaften zum Schutz seiner Interessen zu gründen. Die Betätigungsfreiheit gesellschaftlicher Vereinigungen wird garantiert.

2. Niemand darf zum Eintritt oder zum Verbleib in irgendeiner Vereinigung gezwungen werden."[25]

Ich halte die Kunstaktion für eine spontane Vereinigung zum Zwecke der Zurschaustellung religiöser Gesinnung, die verfassungskonform ist und keine strafbare Handlung darstellt.

Ebenso müsste hier die Versammlungsfreiheit

---

[25] Artikel 30 der Verfassung der Russländischen Föderation, online unter:
http://www.constitution.ru/de/part2.htm

und das Recht zur Demonstration nach Artikel 31 der russischen Verfassung auch für diese jungen Künstlerinnen gelten:

„Die Bürger der Rußländischen Föderation haben das Recht, sich friedlich und ohne Waffen zu versammeln, Versammlungen, Kundgebungen, Demonstrationen und Umzüge durchzuführen sowie Streikposten aufzustellen."[26]

Die Versammlungsfreiheit müsste auch für diese spontane protestantische Protestaktion gelten, insbesondere auch mit Hinblick auf Artikel 28 der russischen Verfassung, in dem es heißt:

„Jedem wird die Gewissensfreiheit und die Glaubensbekenntnisfreiheit garantiert einschließlich des Rechts, sich allein oder gemeinsam mit anderen zu einer beliebigen Religion zu bekennen oder sich zu keiner zu bekennen, religiöse und andere Überzeugungen frei zu wählen, zu haben und zu verbreiten sowie nach ihnen zu handeln."[27]

---

26 Artikel 31 der Verfassung der Russländischen Föderation, online unter:
http://www.constitution.ru/de/part2.htm
27 Artikel 28 der Verfassung der Russländischen Föderation, online unter:
http://www.constitution.ru/de/part2.htm

Diese Kunstaktion ist quasi wie ein Bekenntnis zu einer christlichen Religion zu bewerten. Und das ist eben nach der geltenden russischen Verfassung ein Grundrecht.

Ich halte dieses Urteil von 2 Jahren Lagerhaft auch für kein menschenwürdiges Strafmaß und auch die Haftbedingungen verstoßen nach meinem Rechtsempfinden und dem Ergebnis meiner Logik gegen die Menschenwürde. In einem Artikel in der Wochenzeitung „Die Zeit" wird von einem Platz von drei Quadratmetern für eine Person im Gefängnis gesprochen:

„Das Urteil gegen die drei Musikerinnen der Punkband Pussy Riot, die wegen "Rowdytums" zu jeweils zwei Jahren Lagerhaft verurteilt wurden, bedeutet für die drei Frauen nicht eine herkömmliche Gefängnisstrafe: Nadeschda Tolokonnikowa, Maria Aljochina und Jekaterina Samuzewitsch werden sich bei einer Vollstreckung des Urteils mit Mörderinnen und Diebinnen in Baracken mit bis zu 120 Frauen wiederfinden.

Während es für verurteilte Männer in Russland eine ganze Reihe von Straflagern und Gefängnistypen gibt, sieht der russische Strafvollzug für Frauen nur eine Art von Straflager vor: Die Frauenlager bestehen aus

Verwaltungsgebäuden, Schlafräumen für die Gefangenen und einem Arbeitsbereich. Die Komplexe sind mit Zäunen, Stacheldraht und Wachtürmen von der Außenwelt abgeriegelt. Wiederholungstäterinnen und erstmals Verurteilte werden in unterschiedlichen Lagern festgehalten.
Etwa 50 von diesen Straflagern für Frauen gibt es in Russland. Derzeit sitzen dort ungefähr 60.000 weibliche Häftlinge ein. Der Vollzug ist unterschiedlich streng. Die drei Frauen von Pussy Riot sind zu "normaler" Unterbringungsform verurteilt. Damit dürfen sie sich frei bewegen und das Lager mit Genehmigung auch kurzzeitig verlassen. Jeder Verurteilten stehen mindestens drei Quadratmeter Platz zu."[28]

Der Urteilsspruch verstößt gegen fundamentale Prinzipien der Allgemeinen Erklärung der Menschenrechte der Vereinten Nationen. Zunächst einmal gegen Artikel 18, wo es heißt:

„Jeder hat das Recht auf Gedanken-, Gewissens- und Religionsfreiheit; dieses Recht schließt die Freiheit ein, seine Religion oder

---

28 Haftbedingungen: Pussy Riot büßen im Straflager, in: Die Zeit Online vom 18. August 2012, online unter: http://www.zeit.de/gesellschaft/zeitgeschehen/2012-08/russland-pussy-riot-haftbedingungen

seine Weltanschauung zu wechseln, sowie die Freiheit, seine Religion oder seine Weltanschauung allein oder in Gemeinschaft mit anderen, öffentlich oder privat durch Lehre, Ausübung, Gottesdienst und Kulthandlungen zu bekennen."[29]

Formal wird dieses Recht auch durch die russische Verfassung gewährt. Ebenfalls die Meinungsfreiheit nach Artikel 19 der Allgemeinen Erklärung der Menschenrechte:

„Jeder hat das Recht auf Meinungsfreiheit und freie Meinungsäußerung; dieses Recht schließt die Freiheit ein, Meinungen ungehindert anzuhängen sowie über Medien jeder Art und ohne Rücksicht auf Grenzen Informationen und Gedankengut zu suchen, zu empfangen und zu verbreiten."[30]

Auch das müsste real als Grundrecht gelten, ebenso wie Artikel 20:

---

29 Resolution 217 A (III) der Generalversammlung vom 10. Dezember 1948: Allgemeine Erklärung der Menschenrechte, online unter: http://www.un.org/Depts/german/grunddok/ar217a3.html

30 Resolution 217 A (III) der Generalversammlung vom 10. Dezember 1948: Allgemeine Erklärung der Menschenrechte, online unter: http://www.un.org/Depts/german/grunddok/ar217a3.html

„1. Alle Menschen haben das Recht, sich friedlich zu versammeln und zu Vereinigungen zusammenzuschließen.

2. Niemand darf gezwungen werden, einer Vereinigung anzugehören."[31]

Dieses Grundrecht auf Versammlungsfreiheit wäre ebenso geltendes russisches Recht, wie die Teilhabe am kulturellen Leben nach Artikel 27:

„1. Jeder hat das Recht, am kulturellen Leben der Gemeinschaft frei teilzunehmen, sich an den Künsten zu erfreuen und am wissenschaftlichen Fortschritt und dessen Errungenschaften teilzuhaben.

2. Jeder hat das Recht auf Schutz der geistigen und materiellen Interessen, die ihm als Urheber von Werken der Wissenschaft, Literatur oder Kunst erwachsen."[32]

---

31 Resolution 217 A (III) der Generalversammlung vom 10. Dezember 1948: Allgemeine Erklärung der Menschenrechte, online unter: http://www.un.org/Depts/german/grunddok/ar217a3.html

32 Resolution 217 A (III) der Generalversammlung vom 10. Dezember 1948: Allgemeine Erklärung der Menschenrechte, online unter: http://www.un.org/Depts/german/grunddok/ar217a3.html

Damit habe ich meiner Ansicht nach belegt, dass fundamentale Prinzipien der Allgemeinen Erklärung der Menschenrechte durch dieses Urteil ebenso verletzt werden, wie die Grundrechte nach der russischen Verfassung.

Ich sehe die Verurteilten daher als Opfer von illegaler Justiz, die nach Artikel 52 der russischen Verfassung vor Machtmissbrauch zwingend geschützt werden müssten, denn dort heißt es:

„Die Rechte der Opfer von Straftaten oder von Machtmißbrauch werden durch Gesetz geschützt. Der Staat gewährleistet den Opfern den Zugang zur Gerichtsbarkeit und den Ersatz des zugefügten Schadens."[33]

Das Urteil ist eindeutig Machtmissbrauch durch die Richterin und deshalb müssten die jungen Mädchen als Opfer von Klassenjustiz eigentlich nach Artikel 53 der russischen Verfassung entschädigt werden, denn:

„Jeder hat das Recht auf staatlichen Ersatz des Schadens, der durch ungesetzliches Handeln (oder Unterlassen) der Organe der

---

33 Artikel 52 der Verfassung der Russländischen Föderation, online unter:
http://www.constitution.ru/de/part2.htm

Staatsgewalt oder ihrer Amtsträger verursacht wurde."[34]

Richtig wäre es also, Schadensersatz für die jungen Künstlerinnen zu gewährleisten, die Opfer von Rechtsbeugung durch das Justizsystem geworden sind.

Ich halte dieses Urteil für Rechtsbeugung zugunsten einer religiösen Gruppe gegen die Grundrechte von einigen Einzelpersonen, die zum Teil gerade im Alter von jungen Erwachsenen sind und damit eigentlich nicht zu gleichem Strafmaß verurteilt werden dürften.

Das ist politische Justiz, das ist Rassismus gegen eine religiöse Gruppe und Sexismus gegen Frauen.

Bei der Einschätzung dieses Urteils berufe ich mich auf die politisch-philosophisch Theorie von Karl Marx. Für Marx ist das Rechtssystem ein Teil des gesellschaftlichen „Überbaus", den man von den politisch-ökonomischen Gegebenheiten der Gesellschaft ableiten kann. Danach kann Recht *„nie höher sein als die ökonomische Gestaltung und dadurch bedingte*

---

34 Artikel 53 der Verfassung der Russländischen Föderation, online unter:
http://www.constitution.ru/de/part2.htm

Kulturentwicklung der Gesellschaft."[35]

Was aber sind die Produktionsverhältnisse?

„Die Gesamtheit [der] Produktionsverhältnisse bildet die ökonomische Struktur der Gesellschaft, die reale Basis, worauf sich ein juristischer und politischer Überbau erhebt, [welchem] bestimmte gesellschaftliche Bewusstseinsformen entsprechen."[36]

Das Urteil ist Ausdruck von Klassenjustiz und Rassenjustiz gegen Anhänger religiöser Minderheiten und sexistische Justiz gegen Frauen. Die ökonomische Struktur in Russland scheint ebenso wie die Gesellschaftsstruktur patriarchal, nicht egalitär und rassistisch. Die Produktionsverhältnisse sind gekennzeichnet durch den kapitalistischen Ausbeutungsprozess, der ebenfalls patriarchalen Grundmustern folgt. Die gesellschaftlichen Bewusstseinsformen der orthodoxen Mehrheit sind strukturell die selben, wie sie es in der Sowjetunion unter der kommunistischen Einparteiendiktatur waren. Damit sind zwar die Ideologen gewechselt von Marxisten-Leninisten zu orthodoxen Christen,

---

35 Marx, Karl: Kritik des Gothaer Programms, in: MEW Band 19, S. 18
36 Marx, Karl: Kritik der politischen Ökonomie, in: MEW Band 13, S. 8f.

aber die gesellschaftliche Struktur ist ähnlich dem real-existierenden Sozialismus geblieben. Sie ähneln auch den ökonomisch-gesellschaftlichen Strukturen in den USA, denn auch dort könnte etwa die falsche Gesinnung am falschen Ort locker die Verurteilung zum Boot Camp bedeuten oder ein falsches Urteil gegen einen Unschuldigen bei einem Kapitalverbrechen in einigen US-Bundesstaaten sogar den Tod in der Gaskammer.

Das alles ist Ausdruck und Folge des bürgerlichen Verständnis von Freiheit und dem bürgerlichen Verständnis von Menschenrecht. Im Denken von Karl Marx müsste die Arbeiterklasse ihrem Klasseninteresse folgen, d.h. mit Logik den totalen Egalitarismus durchsetzen.

Das tun weder die orthodoxe Kirche, noch die staatliche Justiz, noch die jungen Künstlerinnen in diesem Fall. Sie alle sind Gesinnungsethiker. Weder ist Feminismus egalitär, noch das orthodoxe Patriarchat, noch die russische Staatsgewalt. Denn sonst müsste sie ein ebensolches Werturteil, wie gegen die jungen Frauen auch gegen jeden orthodoxen Patriarchen im Lande fällen. Die Staatsmacht gibt per Gesetz vor, egalitär zu sein, jedoch die Justiz fällt illegale Werturteile.

Nach Marx und Engels ist das bürgerliche Verständnis von der negativen Freiheit des Individuums stark kritikwürdig. Das notwendige Verhältnis zwischen Individuum und Gemeinschaft wird im Marxismus wie folgt beschrieben:

„Erst in der Gemeinschaft [mit Andern hat jedes] Individuum die Mittel, seine Anlagen nach allen Seiten hin auszubilden; erst in der Gemeinschaft wird also die persönliche Freiheit möglich".[37]

Der jeweils Andere wird also für das eigene Leben in der Gemeinschaft benötigt. Aber: wenn dieser eine andere Ethik vertritt als man selbst, und wenn man gerade als Frau in dieser Ethik zum absolut entrechteten Objekt degradiert wird und die Staatsmacht das auch noch durch illegale Urteile fördert, ist man sowohl als Einzelner als auch in einer Gemeinschaft mit einer anderen Ethik total machtlos. Ein total vollgesellschaftliches Individuum ist man aber in der marxistischen Theorie erst dann, wenn zumindest die Staatsmacht egalitäre juristische Werturteile fällt, aber letztlich auch alle anderen Individuen materiell und immateriell gleichgestellt sind.

---

37 Marx, Karl/Engels, Friedrich: Die deutsche Ideologie. 1846, in: MEW Band 3, S. 74

Das bürgerliche *„Menschenrecht der Freiheit basiert nicht auf der Verbindung des Menschen mit dem Menschen, sondern vielmehr auf der Absonderung".*[38]

Dieses bürgerliche Menschenrecht wird in einem autoritären Staat immer zum Nachteil für eine ethische oder ethnische Minderheit. In einer Gesellschaft, die von antagonistischen Klassengegensätzen geprägt ist, ist die Absonderung gegen den Anderen, der Protest, die einzige Möglichkeit, soziale Veränderungen für sich selbst oder gar für alle durchzusetzen. Dieser Protest aber wird durch das bürgerliche Menschenrecht nach der Charta der Menschenrechte in Artikel 18 eindeutig gewährt und ist auch auf Grundlage der geltenden russischen Verfassung zumindest formaljuristisch möglich. Wenn der dominanten religiöse Ethik aber trotz formal geltenden Individualrechten durch die Staatsmacht illegal ein Vorteil verschafft wird, wird der Einzelne, ob allein oder im Kollektiv einer Minderheit durch den Staat zum Sklaven der dominanten Ethik degradiert. Das ist das Ergebnis der negativen Freiheit der bürgerlichen Gesellschaft.

---

38 Marx, Karl: Zur Judenfrage. 1844, in: MEW Band 1, S. 364

Marx bezeichnet die bürgerliche Freiheit als *„die völligste Aufhebung der individuellen Freiheit und die völlige Unterjochung der Individualität unter gesellschaftliche Bedingungen, die die Form von sachlichen Mächten, ja von übermächtigen Sachen [...] annehmen."*[39]

Die gesellschaftlichen Bedingungen in Russland sind der antagonistische Klassengegensatz, die Allmacht des orthodoxen Patriarchats und ein autoritärer Staat, gekennzeichnet durch folgenden status quo:

„Nicht die Individuen sind frei gesetzt in der freien Konkurrenz; sondern das Kapital".[40]

Die Angeklagten wurden also nicht verurteilt, weil sie gewalttätig waren, sondern weil sie Frauen sind und weil sie eine andere religiöse Ethik vertreten als die Mehrheit von orthodoxen Christen. Mit ihrer Kritik greifen sie den status quo an und damit die herrschenden Produktionsverhältnisse. Das Urteil gegen sie ist sexistische und rassistische Klassenjustiz zugunsten des orthodoxen Patriarchats und

---

39 Marx, Karl: Grundrisse der Kritik der politischen Ökonomie. 1858, in: MEW Band 42, S. 545
40 Marx, Karl: Grundrisse der Kritik der politischen Ökonomie. 1858, in: MEW Band 42, S. 545

zugunsten der kapitalistischen Elite. Um diesen unhaltbaren Zustand zu überwinden, muss der Hauptwiderspruch, sowohl der Klassengegensatz zwischen Bourgeoisie und Proletariat überwunden werden und auch die Religion als Ganzes, weil sie nur Ideologie ist, die dem Volk Sand in die Augen streut, um den status quo zu erhalten.

„In einer höheren Phase der kommunistischen Gesellschaft, nachdem die knechtende Unterordnung der Individuen unter die Teilung der Arbeit, damit auch der Gegensatz geistiger und körperlicher Arbeit verschwunden ist; nachdem die Arbeit nicht nur Mittel zum Leben, sondern selbst das erste Lebensbedürfnis geworden; nachdem mit der allseitigen Entwicklung der Individuen auch ihre Produktivkräfte gewachsen und alle Springquellen des genossenschaftlichen Reichtums voller fließen – erst dann kann der enge bürgerliche Rechtshorizont ganz überschritten werden und die Gesellschaft auf ihre Fahne schreiben: Jeder nach seinen Fähigkeiten, jedem nach seinen Bedürfnissen!"[41]

Für Marx wäre diese religiöse Protestaktion

---

41 Marx, Karl: Kritik des Gothaer Programms, in: MEW Band 19, S. 21

lediglich ein Nebenwiderspruch in der bürgerlichen Gesellschaft, der juristisch völlig irrelevant ist. Daher denke ich, dass die russische Staatsmacht, wie im übrigen die Staatsmacht in jedem anderen Staat, das Klasseninteresse des Proletariats nach der Theorie von Karl Marx und Friedrich Engels vertreten sollte, denn:

„Der Glaube, und zwar der Glaube an den ‚heiligen Geist der Gemeinschaft' ist das Letzte, was für die Durchführung des Kommunismus verlangt wird".[42]

Ein Zwang zu einem bestimmten Glauben dürfte selbst nach bürgerlichem Menschenrecht nicht bestehen. Anknüpfend an Karl Marx hat das Proletariat und in meinem Idealismus auch die Staatsmacht in jedem Lande

„keine Ideale zu verwirklichen; sie hat nur die Elemente der neuen Gesellschaft in Freiheit zu setzen, die sich bereits im Schoß der zusammenbrechenden Bourgeoisgesellschaft entwickelt haben".[43]

---

42 Marx, Karl/Engels, Friedrich: Zirkular gegen Kriege. 1846, in: MEW Band 4, S. 12
43 Marx, Karl: Der Bürgerkrieg in Frankreich. 1871, in: MEW Band 17, S. 343

Die demagogische Kritik aus den USA, die nur Teil der antikommunistischen Propaganda des Kalten Krieges ist, würde ich daher anstelle der russischen Regierung viel weniger ernst nehmen, als die hilfsbereite positive Kritik aus den europäischen Staaten, insbesondere meine Kritik hier.

In einer Gesellschaft, in der Meinungspluralismus die Regel ist und in der in den Bildungsinstitutionen, zumindest in den konfessionsfreien, darauf konditioniert wird, antiautoritär zu sein, weil das eben das Ergebnis von formaler Logik ist, weil Gewalt nie eine dominante Strategie ist, wirkt dieses Verfahren in der Sicht von Außen wie ein politischer Schauprozess:

„Von Beginn an trug das Verfahren alle Züge eines politischen Schauprozesses, der so absurd wirkte, dass sich Beobachter entgeistert fragten, ob das gerade wirklich passiert. Das Verfahren leitete eine Richterin, die bis dato wenn überhaupt allein dadurch aufgefallen war, dass sie Diebstähle und kleine Einbrüche im Akkord abhandelte.

Eine unerfahrene Erfüllungsgehilfin ohne Rückgrat, sich politischem Druck entgegenzustellen. Sie lehnte es ab, Zeugen der

Verteidigung zu hören, die am Ort des Geschehens gewesen waren."[44]

In Deutschland hätte sich diese Richterin damit meiner Ansicht nach selbst strafbar gemacht und könnte somit nach geltendem deutschem Recht wegen Rechtsbeugung und Amtsmissbrauch nach §339 des StGB wegen Rechtsbeugung verurteilt werden. Dort heißt es:

„Ein Richter, ein anderer Amtsträger oder ein Schiedsrichter, welcher sich bei der Leitung oder Entscheidung einer Rechtssache zugunsten oder zum Nachteil einer Partei einer Beugung des Rechts schuldig macht, wird mit Freiheitsstrafe von einem Jahr bis zu fünf Jahren bestraft."[45]

Selbiges gilt meines Erachtens auch für den Staatsanwalt. Ich gehe davon aus, dass es politischen Druck auf die Justiz, insbesondere auf den Staatsanwalt und die Richterin gab und

---

44 Hans, Julian: Russland und die "Pussy Riots" Ungenierter Abschied vom Rechtsstaat, in Süddeutsche.de vom 17. August 2012, online unter: http://www.sueddeutsche.de/politik/pussy-riot-schuldig-gesprochen-russlands-ungenierter-abschied-vom-rechtsstaat-1.1443790

45 Strafgesetzbuch der Bundesrepublik Deutschland in der Fassung der Bekanntmachung vom 13.11.1998, online unter: http://www.gesetze-im-internet.de/stgb/__339.html

auch in anderen Fällen gibt. Meines Erachtens jedoch nicht inszeniert von Präsident Putin oder Ministerpräsident Medwedew, sondern von religiösen Gewalttätern aus der regionalen Bevölkerung. Dazu kann man in dem oben bereits zitierten Artikel in der Süddeutschen Zeitung lesen:

„Die Anklageschrift basierte zum Teil auf einer Synodalerklärung aus dem siebten Jahrhundert, die das Tanzen in der Kirche verbietet. Von der "Herabwürdigung jahrhundertealter Grundlagen der russisch-orthodoxen Kirche" war die Rede und vom "Verlust heiliger christlicher Werte", gerade so, als hätten nicht Juristen die Anklage verfasst, sondern Kleriker. Entsprechende Straftatbestände kennt das russische Strafrecht nicht."[46]

Es scheint also, als würde die orthodoxe religiöse Bewegung ihre Gewalt durch das Justizsystem manifestieren und legitimieren wollen und man agiert dabei ebenfalls gegen die Regierung von Ministerpräsident

---

46 Hans, Julian: Russland und die "Pussy Riots" Ungenierter Abschied vom Rechtsstaat, in Süddeutsche.de vom 17. August 2012, online unter: http://www.sueddeutsche.de/politik/pussy-riot-schuldig-gesprochen-russlands-ungenierter-abschied-vom-rechtsstaat-1.1443790-2

Medwedew, denn es ist doch die Regierung der Partei „Einiges Russland" gewesen, die diese russische Verfassung ausgearbeitet hat, die vom Volk in Volksabstimmung beschlossen wurde. In diesem Artikel heißt es weiter:

„Im liberalen Westen ist das kein Problem. Die meisten Menschen in Russland aber - selbst diejenigen, die der Machtelite gegenüber kritisch eingestellt sind - können sich nur schwer mit einer Gruppe linker Punks identifizieren, die in bunten Masken vor der Ikonenwand einer Kirche herumturnen.

In der russischen Provinz kann kaum jemand etwas mit dem postmodernen Zitatenschatz anfangen, mit dem die jungen Frauen ihre Aktionen unterfütterten. In einer Umfrage erklärte fast jeder zweite Russe, das Verfahren sei in seinen Augen "objektiv und gerecht""[47]

Russlands Demokratie und damit die Staatsmacht ist damit in einer extremen sozialen Dilemma-Situation, denn einerseits wird vom Ausland die Regierung dafür

---

[47] Hans, Julian: Russland und die "Pussy Riots" Ungenierter Abschied vom Rechtsstaat, in Süddeutsche.de vom 17. August 2012, online unter: http://www.sueddeutsche.de/politik/pussy-riot-schuldig-gesprochen-russlands-ungenierter-abschied-vom-rechtsstaat-1.1443790-2

verantwortlich gemacht, dass die Justiz keine legalen Urteile fällt, was für die russische Regierung faktisch nichts weiter ist, als Feind-Propaganda, andererseits wird unterstellt, die russische Regierung würde wollen, dass diese Rechtsurteile gefällt werden und ganz nebenbei, wäre die sich andeutende Opposition, weder die orthodoxen Hardliner noch die neuen Protestanten wertneutral, so wie es die Verfassung vorschreibt. Diese illegale Verurteilung gegen junge Künstlerinnen ist eine Schande und eine Verletzung der Charta der Menschenrechte ebenso wie ein Angriff gegen das geltende russische Recht.

Hier teile ich dem Grunde nach die Gesinnung von Andrea Nahles:

„Die SPD-Generalsekretärin Andrea Nahles kritisierte das Moskauer Verdikt am Freitag scharf: „Ein faires Strafverfahren sieht jedenfalls anders aus." Das Urteil reihe sich ein in die jüngste Welle rechtlicher Verschärfungen, zu der auch das NGO-Gesetz oder das neue Demonstrationsrecht gehören. Alle diese Maßnahmen drohten, „die ohnehin schwache Zivilgesellschaft zurückdrängen und einer rigiden staatlichen Kontrolle zu unterwerfen." Dabei habe sich Russland als Mitglied des Europarates selbst zur Einhaltung

demokratischer, menschenrechtlicher und rechtsstaatlicher Standards verpflichtet. Nahles fordert nun Präsident Putin auf, sich „zügig und nachhaltig" für den „Aufbau einer unabhängigen und fairen Justiz" einzusetzen."[48]

Aber leider berücksichtigt Frau Nahles hier nicht alle von mir genannten Fakten, was quasi wie ein Angriff auf die russische Regierung wirkt, obwohl es doch in diesem Fall nicht die Regierung Medwedew oder Präsident Putin, sondern die Justiz ist, die ein illegales Urteil fällt. Eine rigide staatliche Kontrolle der Justiz auf Grundlage der geltenden russischen Verfassung und durch allgemeines Gesetz wäre mit aber auch lieb. Frau Nahles sollte in diesem Zusammenhang auch klarstellen, dass sie in diesem Fall lediglich eine Idealistin für Freiheitsrechte ist und keine Außenpolitikerin, denn ansonsten wäre das ein schwerer politischer Angriff gegen unsere russischen Bündnispartner.

Das gilt auch für die folgenden Ausführungen von Gernot Erler:

---

48 Fromberg, Daniel von: Urteil gegen Pussy Riot - Regierungskritik kommt in Lagerhaft, in: spd.de vom 17. August 2012, online unter: http://www.spd.de/aktuelles/News/75040/20120817_pussy_riot_urteil.html

"Der stellvertretende Vorsitzende der SPD-Bundestagsfraktion Gernot Erler sagte, der Schuldspruch gegen die drei Bandmitglieder Jekaterina Samuzewitsch, Nadja Tolokonnikowa und Maria Aljochina sei „ein herber Rückschlag für alle Bemühungen, in Russland rechtsstaatliche Strukturen zu festigen." Putin habe die in ihn gesetzten Hoffnungen enttäuscht: Statt der versprochenen Wende hin zu mehr Rechtsstaatlichkeit sehe man an dem Urteil erneut, „dass mit Hilfe von Gesetzesverschärfungen die zunehmend mutiger auftretende Bürgergesellschaft eingeschüchtert werden soll."

Diese sieht Erler allerdings aller Repression zum Trotz auf dem richtigen Weg. Zwar fehle es noch an Schlagkraft und überzeugenden Führungspersönlichkeiten. Doch eine „wachsende Schicht junger und gut ausgebildeter Menschen" lasse sich „immer weniger vom Staat vorschreiben, was sie zu tun und zu denken hat." Aus diesem Grund sei es nur eine Frage der Zeit, bis sich auch in Russland eine „funktionierende Opposition" entwickelt, „die irgendwann einmal die Machtfrage stellen wird." Diese Entwicklung werde auch das Urteil nicht aufhalten."[49]

Auch sein Bekenntnis zum Individualismus und seinen Idealismus dabei würde ich teilen. Zumindest erklärt Gernot Erler sehr genau, dass die Kritik an diesem illegalen Urteil zumindest für die Sozialdemokratie keineswegs bedeutet, dass man fortan die gewachsenen diplomatischen Beziehungen zum Neuen Russland in irgendeiner Weise zu beeinträchtigen gedenkt.

Komme ich also zu meinem Fazit: Das Urteil gegen die Mitglieder der Band „Pussy Riot" ist nach geltendem russischem Recht ein illegales Urteil, bei dem sich die Justiz selbst strafbar gemacht hat. Das ist nicht rechtsstaatlich, das ist ein Verstoß gegen die UN-Charta der Menschenrechte. Auf dem Papier hat Russland eine der modernsten Verfassungen der Welt, bei der Umsetzung der individuellen Freiheitsrechte gibt es aber doch erheblichen Mangel, weil sich der Rechtspositivismus und die Systemtheorie des Rechts noch nicht in der russischen Rechtswissenschaft durchgesetzt haben, geschweige denn ein marxistischer

---

49 Fromberg, Daniel von: Urteil gegen Pussy Riot - Regierungskritik kommt in Lagerhaft, in: spd.de vom 17. August 2012, online unter: http://www.spd.de/aktuelles/News/75040/20120817_pussy_riot_urteil.html

Rechtsbegriff.

Russlands gesellschaftspolitische Entwicklung vom Real-Kommunismus zum durch Scheindemokratie und Klassen- und Rassenjustiz gekennzeichneten autoritären Staat unter der gesellschaftlichen religiösen Dominanz des orthodoxen Patriarchats und einer alles dominierenden Staatspartei ist, polemisch gesagt, nicht wirklich ein Fortschritt. Aber im Gegensatz zu den USA, gibt es zumindest offiziell keine Todesstrafe mehr.

Ich halte dieses Urteil für politische Justiz, für Klassenjustiz, Rassenjustiz und strukturellen Sexismus gegen Frauen durch den Staatsapparat. Es gibt politischen Druck auf die Justiz! Meines Erachtens sind jedoch nicht in erster Linie Wladimir Putin oder Dmitri Medwedew für den Druck von oben verantwortlich, sondern eben die autoritären Persönlichkeiten in der russischen Gesellschaft und die Organisation der orthodoxen Kirche, die Agitation gegen die Staatsmacht betreiben.

Ich halte das für einen Ausdruck und für eine Folge der autoritären Erziehung in der Sowjetunion und sehe darin einen Beleg für die autoritären politischen Einstellungen in der Mehrheit der russischen Bevölkerung. Das ist im wahrsten Sinne des Wortes ein Urteil der „russisch-orthodoxen Volksdemokratie" und nicht eines der politischen Führung um Wladimir Putin und Dmitri Medwedew.

Ich denke zwar, dass dieses Urteil politische Justiz ist, aber dennoch würde ich die russische Regierung hier eher in Schutz nehmen. Die Angriffe auf Wladimir Putin und Dmitri Medwedew aufgrund eines Urteils der formal unabhängigen Justiz halte ich für Propaganda des Westens und ein ideologisches Relikt aus dem Kalten Krieg, inszeniert von politischen Tölpeln und Parawissenschaftlern, aus den USA und aus der EU, die sich gegen die russische Demokratie positionieren wollen. Das halte ich politisch und wissenschaftlich für falsch. Denn: Wenn man die russische Regierung verantwortlich macht, obwohl es doch die Justiz selbst ist, die ein rechtswidriges Urteil fällt, dann lässt man ebenso die Gewaltenteilung außer Acht, wie es die religiösen orthodoxen Hardliner in der russischen Bevölkerung und in diesem Falle die Richterin und der Staatsanwalt tun, was zeigt, dass die eigene Gesinnung strukturell nicht viel anders ist, als die der russischen Justiz in diesem Fall.

Unter diesen Umständen finde ich es gut und

richtig, dass der ehemalige deutsche Bundeskanzler Gerhard Schröder ebenso wie viele andere SozialdemokratInnen und SozialistInnen weiterhin die gewachsenen diplomatischen Beziehungen zu Russland aufrechterhalten, um sicherzustellen, dass es weiterhin zu einer Verbesserung der Menschenrechtslage in Russland kommt. Hier wünsche ich mir Direktiven und politischen Druck durch die Demokratie von Oben auf den Justizapparat in Form von allgemeinen Gesetzen und durch Strafverfahren gegen Richter und Staatsanwälte, die das geltende russische Recht nicht, zumindest nicht egalitär, umsetzen. RichterInnen und Staatsanwälte sollten ihre Werturteile mit Induktionsschlüssen auf der Basis von formaler Logik fällen. Ich denke, dass dann bei Berücksichtigung des aktuell geltenden russischen Rechts, nie und nimmer ein logischer Induktionsschluss gezogen werden könnte, der eine solche Menschenrechtsverletzung durch den Justizapparat darstellte.

Ziel muss es sein, ein geordnetes Verfahren durchzusetzen, das darauf hinwirkt, in Russland ein positivistisches Rechtssystem zu etablieren und dann später in der Rechtswissenschaft ausschließlich logische Induktionsschlüsse auf der Grundlage der Systemtheorie des Rechts zu fassen, so wie es in der Bundesrepublik Deutschland und auch in den meisten anderen Staaten der Europäischen Union bereits der Fall ist. Gerade für diese Aufgabe halte ich Gerhard Schröder und insbesondere sozialdemokratische aber auch zum Teil konservative Jura-ProfessorInnen für die geeignetsten Berater für die russische Regierung. Ich bin mir auch ziemlich sicher, dass der ehemalige deutsche Bundeskanzler Gerhard Schröder hier als Jurist meiner Argumentation weitestgehend folgen würde. Als Strafverteidiger müsste er in Deutschland nämlich ebenso argumentieren, wie ich hier.

Mein politischer Wunsch an die deutsche Bundesregierung wäre daher, mit der russischen Regierung zu vereinbaren, für einen regen Austausch an deutschen und russischen Wissenschaftlern zu sorgen, mit dem Ziel, in Russland den Rechtspositivismus und die Systemtheorie des Rechts über die Jura-Ausbildung an den russischen Universitäten zu etablieren. Dazu könnten junge russische Wissenschaftler ihr Jura-Studium in Deutschland absolvieren, um dann in Russland in den Staatsdienst zu treten oder eben an den Universitäten dort später den Rechtspositivismus und die Systemtheorie des Rechts zu lehren, weil vom Grundsatz her, ist das geltende russische Recht nicht so sehr verschieden vom geltenden Recht in Deutschland und anderen Staaten Europas. Nur die Anwendung des Rechts durch die russischen Justizbeamten, Staatsanwälte und Richter lässt noch stark zu wünschen übrig.

Recht ist selbst nach klassisch liberaler Rechtstheorie, wie sie etwa Jeremy Bentham vertreten hat, nicht dazu da, den Einzelnen moralistisch abzuurteilen und ins Gefängnis zu bringen, sondern dazu, ihn vor Übergriffen seiner Mitbürger und Machtexzessen seiner Regierung zu schützen und den Frieden für die Gemeinschaft nicht zu gefährden.

„The liberty which the law ought to allow of, and leave in existence, leave uncoerced, unremoved, is the liberty which concerns those acts only, by which, if exercised, no damage would be done to the community upon the whole: that is, either no damage at all, or none but what promises to be compensated by at least equal benefit"[50]

Die orthodoxe Kirche ist aber nicht die Gemeinschaft der russischen Bürger. Und die Staatsmacht muss sich an ihre eigenen Gesetze

---

50 Bentham, Jeremy: Nonsense Upon Stilts, Art. 4, S. 340

halten, was die Justiz hier nicht tut. Außerdem spielt der Aspekt der Sicherheit des Einzelnen und der Gemeinschaft eine entscheidende Rolle in der liberalen Rechtstheorie von Jeremy Bentham.

„That which under the name of Liberty is so much magnified, as the invaluable, the unrivalled work of Law, is not liberty, but security"[51]

Freiheit und Sicherheit ist für Jeremy Bentham also ein und das selbe. Nach der Systemtheorie des Rechts ist Folgendes maßgebend: In einem modernen libertären Staat müssten die verschiedenen Teilbereiche der Gesamtgesellschaft möglichst weit ausdifferenziert sein, mit möglichst wenig Interdependenzen, die die individuelle Freiheit einschränken. Hier werden zunächst soziologisch die einzelnen handelnden Akteure betrachtet:

„Die jeweils eine Systemart ist notwendige Umwelt der jeweils anderen. Personen können nicht ohne soziale Systeme entstehen und

---

51 Zit. nach: Long: Bentham on Liberty. Jeremy Bentham's idea of liberty in relation to his utilitarianism, Toronto/Buffalo 1977, S. 74.

bestehen, und das gleiche gilt umgekehrt."[52]

Entscheidend ist vor allem die Kommunikation der beteiligten Akteure. Hier, Richterin, Staatsanwalt und die, wie oben bewiesen, zu Unrecht Angeklagten.

„Kein Mensch kann kommunizieren (im Sinne von Kommunikation vollenden), ohne dadurch Gesellschaft zu konstituieren, aber das Gesellschaftssystem selbst ist (eben deshalb!) nicht kommunikationsfähig: Es kann keinen Adressaten außerhalb seiner selbst finden."[53]

Mit diesem Urteilsspruch kommuniziert die Richterin und mit seiner Anklage auch der Staatsanwalt ganz eindeutig, dass über diesen illegalen Urteilsspruch ein Gesellschaftssystem konstituiert werden soll, dass eben gegen die geltenden Gesetze gerichtet ist. Das ist aber für Beamte und Angestellte des Staates nicht zulässig, da sie sich stets an den Gesetzen zu orientieren haben, die aktuell geltendes Recht sind. Eine libertäre politische Elite und eine juristische Instanz, sprich ein Berufungsgericht, das über dieser erstgerichtlichen Entscheidung steht, müsste ganz eindeutig die

---

52 Luhmann, Niklas: Soziale Systeme, 1983, S. 92
53 Luhmann, Niklas: Die Einheit des Rechtssystems, in: Rechtstheorie, 1983, 129, 137

Kommunikation gegen die Erstinstanz richten und meines Erachtens auch ein Strafverfahren gegen die Justiz einleiten.

Nach marxistischer Rechtstheorie ist der Vorfall, der hier als Tat bezeichnet wird, nur ein Nebenwiderspruch in einer Gesellschaft, die an sich falsch ist, weil sie nicht egalitär ist. Die Handlung wäre nicht strafbar. Ursache für die vermeintliche „Tat" ist der autoritäre Staat, der gegen die Freiheit des Einzelnen agiert, anstatt das Klasseninteresse des Proletariats zu vertreten, der kapitalistische Ausbeutungsprozess im Wirtschaftssystem, die mangelnde soziale Absicherung und das religiöse Elend, das nichts weiter ist als, das „Opium des Volkes" und sich in der dominanten und alles überragenden Religion des orthodoxen Christentums äußert und manifestiert hat.

„Das religiöse Elend ist in einem der Ausdruck des wirklichen Elendes und in einem die Protestation gegen das wirkliche Elend. Die Religion ist der Seufzer der bedrängten Kreatur, das Gemüt einer herzlosen Welt, wie sie der Geist geistloser Zustände ist. Sie ist das

Opium des Volkes."[54]

Durch die orthodoxe Religion wird, ebenso wie durch diesen Urteilsspruch, in Russland ein gesellschaftspolitisches Klima erzeugt, in dem selbst die üble Nachrede über eine vermeintliche Ketzerei ausreichend ist, den Einzelnen öffentlich zu diskreditieren. Das heutige russische Gesellschaftssystem unterscheidet sich also strukturell nicht vom real-existierenden Sozialismus.

Als deutscher oder russischer Richter würde ich, auf der Grundlage des geltenden Rechts, die Angeklagten freisprechen, und das, obwohl und weil ich selbst die Gesinnung der jungen Künstlerinnen nicht teile, sie für falsch halte, weil Gesinnung nicht empirisch belegbar ist, für naiv, weil Feminismus nicht egalitär ist und für reaktionär halte, weil diese Kunst religiös motiviert ist. Das ist alles das Ergebnis von formaler Logik.

Bliebe man hingegen bei orthodoxer Gesinnungsethik und ist antiautoritär dabei, so könnten die Frauen nicht falsch, d.h. unethisch

---

54 Marx, Karl/ Engels, Friedrich: Zur Kritik der Hegelschen Rechtsphilosophie. Einleitung, Werke, (Karl) Dietz Verlag, Berlin. Band 1. Berlin/DDR. 1976. S. 378, online unter:
http://www.mlwerke.de/me/me01/me01_378.htm

gehandelt haben, denn: Wenn ein zu Bekehrender dem Ritus und dem göttlichen Gebot nicht folgt, so ist es der Patriarch der falsch handelt und nicht sein Schäfchen, denn er hat innerhalb der Religionsgemeinschaft nicht nur das „göttliche Recht", die verbindliche Ethik zu setzen, sondern auch die Pflicht, Verantwortung für die Gemeinschaft und die Gesellschaft zu übernehmen. Letztlich wirft es doch ein schlechtes Licht auf die russisch-orthodoxe Kirche, wenn mit ihrer Unterstützung junge Frauen ins Straflager geschickt werden, nur weil sie sich noch etwas kindlich-naiv verhalten.

Quellenverzeichnis

Bentham, Jeremy: Nonsense Upon Stilts, Art. 4

http://freepussyriot.org/node/250

Fromberg, Daniel von: Urteil gegen Pussy Riot - Regierungskritik kommt in Lagerhaft, in: spd.de vom 17. August 2012, online unter: http://www.spd.de/aktuelles/News/75040/20120817_pussy_riot_urteil.html

Haftbedingungen: Pussy Riot büßen im Straflager, in: Die Zeit Online vom 18. August 2012, online unter: http://www.zeit.de/gesellschaft/zeitgeschehen/2012-08/russland-pussy-riot-haftbedingungen

Hans, Julian: Russland und die "Pussy Riots" Ungenierter Abschied vom Rechtsstaat, in Süddeutsche.de vom 17. August 2012, online unter:
http://www.sueddeutsche.de/politik/pussy-riot-schuldig-gesprochen-russlands-ungenierter-abschied-vom-rechtsstaat-1.1443790 und http://www.sueddeutsche.de/politik/pussy-riot-schuldig-gesprochen-russlands-ungenierter-abschied-vom-rechtsstaat-1.1443790-2

Laarz, Diana: Politrock: Punk gegen Putin, in: Die Zeit Online vom 01. April 2012, online unter: http://www.zeit.de/2012/14/Frauenband-Pussy-Riot/komplettansicht

Long: Bentham on Liberty. Jeremy Bentham's idea of liberty in relation to his utilitarianism, Toronto/Buffalo 1977

Luhmann, Niklas: Die Einheit des Rechtssystems, in: Rechtstheorie, 1983

Luhmann, Niklas: Soziale Systeme, 1983

Luxemburg, Rosa: Die russische Revolution. Eine kritische Würdigung, Berlin 1920

Marx, Karl: Der Bürgerkrieg in Frankreich. 1871, in: MEW Band 17

Marx, Karl/Engels, Friedrich: Die deutsche Ideologie. 1846, in: MEW Band 3

Marx, Karl: Grundrisse der Kritik der politischen Ökonomie. 1858, in: MEW Band 42
Marx, Karl: Kritik der politischen Ökonomie, in: MEW Band 13

Marx, Karl: Kritik des Gothaer Programms, in: MEW Band 19

Marx, Karl/Engels, Friedrich: Zirkular gegen Kriege. 1846, in: MEW Band 4

Marx, Karl: Zur Judenfrage. 1844, in: MEW Band 1

Marx, Karl/ Engels, Friedrich: Zur Kritik der Hegelschen Rechtsphilosophie. Einleitung, Werke, (Karl) Dietz Verlag, Berlin. Band 1. Berlin/DDR. 1976, online unter: http://www.mlwerke.de/me/me01/me01_378.htm

Moskauer Staatsanwaltschaft hat im Fall Pussy Riot Anklage erhoben, in: russland.ru vom 13. Juli 2012, online unter: http://russland.ru/schlagzeilen/morenews.php?iditem=54458

Pussy-Riot-Prozess: Merkel beklagt hartes Urteil, in: Spiegel Online vom 17. August 2012, online unter: http://www.spiegel.de/politik/ausland/pussy-riot-prozess-merkel-beklagt-unverhaeltnismaessig-hartes-urteil-a-850721.html

Resolution 217 A (III) der Generalversammlung vom 10. Dezember 1948: Allgemeine Erklärung der Menschenrechte, online unter: http://www.un.org/Depts/german/grunddok/ar217a3.html

Strafgesetzbuch der Bundesrepublik Deutschland in der Fassung der Bekanntmachung vom 13.11.1998, online unter: http://dejure.org/gesetze/StGB/344.html und http://www.gesetze-im-internet.de/stgb/__339.html und http://www.gesetze-im-internet.de/stgb/__167.html und http://dejure.org/gesetze/StGB/240.html und http://dejure.org/gesetze/StGB/340.html

Urteil in Moskau: Pussy Riot müssen zwei Jahre ins Straflager, in Spiegel Online vom 17. August 2012, online unter: http://www.spiegel.de/politik/ausland/pussy-riot-muessen-zwei-jahre-ins-straflager-a-850659.html

Verfassung der Russländischen Föderation, online unter: http://www.constitution.ru/de/part1.htm und http://www.constitution.ru/de/part2.htm

http://www.youtube.com/watch?v=yZKaBh9pX64

www.ingramcontent.com/pod-product-compliance
Lightning Source LLC
Chambersburg PA
CBHW070431180526
45158CB00017B/965